# 爱上自然课
## AISHANG ZIRANKE

## 凶猛动物全接触
### XIONGMENG DONGWU
### QUANJIECHU

知识达人 编著

成都地图出版社

**图书在版编目（CIP）数据**

凶猛动物全接触 / 知识达人编著 . — 成都：成都
地图出版社 , 2017.1（2022.5 重印）
（爱上自然课）
ISBN 978-7-80704-985-2

Ⅰ . ①凶… Ⅱ . ①知… Ⅲ . ①动物－青少年读物
Ⅳ . ① Q95-49

中国版本图书馆 CIP 数据核字 (2016) 第 080017 号

**爱上自然课——凶猛动物全接触**

责任编辑：马红文

封面设计：纸上魔方

出版发行：成都地图出版社

地　　址：成都市龙泉驿区建设路 2 号

邮政编码：610100

电　　话：028－84884826（营销部）

传　　真：028－84884820

印　　刷：三河市人民印务有限公司

（如发现印装质量问题，影响阅读，请与印刷厂商联系调换）

开　　本：710mm×1000mm　1/16

印　　张：8　　　　　　　字　　数：160 千字

版　　次：2017 年 1 月第 1 版　　印　　次：2022 年 5 月第 5 次印刷

书　　号：ISBN 978-7-80704-985-2

定　　价：38.00 元

# 目　录

# 老虎不发威就像一只猫！

小朋友们见过被称为"万兽之王"的老虎吗？

老虎的皮毛布满了花纹，简直就是一幅画，如果品种不一样，花纹的颜色和图案也会不一样，不过最常见的颜色还是浅黄色、橘红色，也有稀少的白色。这些花纹和人类的指纹一样，没有哪两只老虎的条纹是完全相同的，就连同一只老虎身体两侧的条纹图案也是不一样的哟！

绝大多数老虎都生活在山林里，不过我们在动物园或马戏团内也能看到它们的身影。动物园内的老虎大多躺在地上晒着太阳，同家猫一样，嘴里会发出"呼噜呼噜"的声音，看上去十分可爱。而马戏团内的老虎则是在卖力地表演，它们看起来都那么"听话"。其实，"乖巧""温顺"都是它们伪装的哟，因为老虎天生就是一种很凶猛的动物。

　　小朋友们，其实老虎是陆地上最强大的食肉动物之一。因为老虎是天生的捕猎高手，很少有猎物能够从它们的掌中逃脱，那么它有哪些捕猎"武器"呢？

　　老虎有4颗长而尖锐的牙齿、强有力的四肢以及敏捷的身躯，一次性跳跃最长可以达到6米，这些都是老虎作为捕猎高手所必须具备的条件。老虎巨大的虎掌能够将猎物瞬间打晕，猎物只要被老虎扑倒，就很难再有翻身的机会喽！

　　老虎的猎物通常以大中型食草动物为主，偶尔也会捕食其他的食肉动物，黑熊、犀牛、花豹、鳄鱼等具有攻击力的动物都在它们的"菜单"内。与狼和狮子不同的是，老虎多

为单独行动，不需要其他同伴协同捕获猎物。一只成年老虎每次最多能吃40千克的食物，吃下一头大型猎物后，就可以连续一两周不进食。

通常情况下，老虎都是独居的，每只老虎都有自己的领地。每隔一段时间，老虎就会去自己的领地逛逛。为了宣布自己的"领土"和"主权"，它们会翘起尾巴，然后将分泌物或者尿液喷洒在树干或者草丛中，有时候也会用爪子在树干上做记号，抓出痕迹，别的老虎看到后，自然就不会

靠近了!

怎么样,老虎够霸道吧?但是老虎也有可爱的一面哟!

看过电影《少年派的奇幻漂流》吗?老虎和少年在海上生活,让人诧异的是,老虎从不轻易下水,这是为什么呢?难道老虎不擅长游泳?事实上,如果老虎的游泳技巧排第二的话,那么可以说没有哪种动物敢称第一!在炎热的夏季,经常可以看到老虎在水中游来游去,避暑降温呢!

# 威风凛凛的草原霸主

小朋友们看过《狮子王》这部动画片吗？里面那只叫作"辛巴"的狮子非常聪明、勇敢，给人一种高贵、优雅的感觉，它带领着其他动物与豺狼搏斗，为的就是守护森林，保卫自己的家园。那么，生活在大自然中的狮子又是怎样的呢？它们是否有着与"辛巴"一样的勇气和智慧呢？

狮子是地球上力量强大的动物之一，它们有漂亮的外貌、威武的身姿、王者般的力量和梦幻般的速度，因此赢得了"草原霸主"的美誉。

狮子是一种雌雄两态的猫科动物，看外貌就可分辨性别，雄狮子的头部及颈部长有茂密、细长的毛发，而雌狮的

毛发则很短，并且体形要小于雄狮。总之，雄狮要比雌狮漂亮许多。

另外，狮子也是一种群居动物，一个狮子群大约有20到30位成员，群内会有一头或几头成年雄狮。狮子群内最厉害的就是狮子王，也就是狮群的首领，狮子王的责任就是保护自己的"家人"。一只雄狮如果想要成为狮子王，那可不是一件容易的事儿！因为它们必须要向当前的狮子王发起挑战，在经过激烈的厮杀后，胜利者便能当上狮子群的首领，失败者只能夹着尾巴逃跑喽！

小朋友们，狮子也是动物界中同类竞争最为激烈的动物之一呢。为了避免和其他狮群发生冲突，雄狮往往会用尿液

气味和咆哮声来标记领地，这和老虎十分相像。倘若有入侵者进入，或者是有一头陌生的狮子路过，雄狮就会咆哮着警告，好像在说："请勿接近，否则格杀勿论！"

狮子更是天生的狩猎者，它们的视力极佳，在很远以外就能发现猎物，那么，它们是怎样将猎物置于死地的呢？

狮子追起猎物来十分霸气，在瞄准猎物之后，就会集体追赶、进攻，最后咬住猎物的颈部，直到猎物窒息死去。通常狮子会捕食比较大的猎物，例如野牛、羚羊、斑马，甚至年幼的河马、大象、长颈鹿等，当然还有一些小型哺乳动物。狮子还是个十足的掠食主义者，它们会仗着自己个头大的优势，强抢其他肉食动物的猎物，尤其喜欢抢鬣狗的食物。另外，狮子也吃动物的腐尸。

不过，让人不解的是，狮子群狩猎的任务大都落在雌狮的身上，雄狮不参与捕猎，基本上只负责吃，这究竟是为什么呢？

原来，这并不是因为雄狮们懒惰，而是在空旷的草原上，要将雄狮那夸张的鬃毛和硕大的脑袋隐藏起来不被猎物发现，是十分困难的，所以与其让它们在外面四处惊吓猎物，还不如回家闲待着呢！

# 长鼻子是大象的万能工具哟！

动画片《木偶记》中的小木偶比诺曹，他的鼻子会因为说谎而长得长长的。在动物世界中，也有一种动物的鼻子会随着身体的长大而变长，小朋友们想想是哪种动物呢？是象海豹、长鼻猴还是马来貘呢？其实都不是，它就是陆地上最庞大的动物——大象。

大象，主要栖息在丛林、草原和河谷地带，以植物为食，每天可以进食很多呢！小朋友们都知道大象的模样，它

们的脑袋很大，耳朵像扇子一般，而最有特色的莫过于它们的鼻子！大象的长鼻子几乎与体长相等，且呈圆筒状，能够伸屈自如。

鼻子对我们人类而言有什么作用呢？我们通常会用它来呼吸和闻气味。然而，大象的鼻子却不仅仅是呼吸和闻气味用的器官，它还有小朋友们想不到的其他功能呢！

大象时常竖起长长的鼻子，在空中来回摆动，可以嗅出几百米之外甚至更远地方的气味，还可以判断周围的环境是否存在危险。大象的鼻子就像人类的

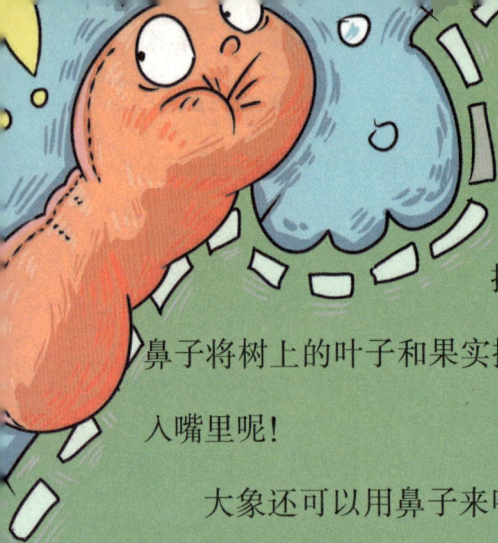

双手一样灵活，甚至能够捡起掉在地上的绣花针，它还能伸长鼻子将树上的叶子和果实摘下，然后卷起鼻子，将果子送入嘴里呢！

大象还可以用鼻子来喝水，它们的鼻子插入水中后，就会变成一台小型的抽水机，一会儿的工夫就能喝饱。同时，它们还能用鼻子洗澡，吸足水后喷洒全身，简直是比淋浴还要方便呢！另外，大象的鼻子还可以用来搬运物

品，与同伴交流感情、传送信息。你知道吗，马戏团内的大象是经过专门训练的，它们的鼻子还能握住口琴吹曲子呢！

不过，我们可千万别被大象温和的外貌所迷惑，它们发起怒来可是非常恐怖的！而它们的最佳武器就是鼻子。它们会用鼻子驱赶敌人、抽打敌人，在对付一些小型野兽时，甚至能将其高高卷起，然后抛向空中，摔个半死。

如此看来，大象的鼻子除了是一个万能工具之外，还是一个保护自己的好武器呢！

# 敢跟狮子叫板的非洲野狗

在小朋友们的印象中，一定觉得狮子是无敌的，是草原上的霸王。不过事实上，生活在非洲草原上的野狗一点儿也不惧怕狮子，它们总是和狮子对着干，在草原上经常可以看到非洲野狗与狮子扭打在一起的场面。小朋友们肯定想，野狗怎么能是狮子的对手呢？其实它们发起威来，连狮子也会禁不住害怕呢！

非洲野狗有很多别名，比如"非洲猎犬""杂色狼"等，它们一般都生活在非洲草原、灌木丛，或者稀疏的林地中。非洲野狗成年后的体形不大，大约18~35千克，单是尾巴的长度就占据身体的1/3呢！它们的皮毛奇特华丽，几乎找不到完全相同

皮毛颜色和条纹的两只非洲野狗。非洲野狗身上的颜色非常杂乱，有棕色、红色、黑色、黄色和白色等，就像画家的调色盘。它们的毛短而稀疏，有的地方甚至是光秃秃的。可以说，非洲野狗全身最可爱的地方就是耳朵了：它们的耳朵又大又圆，平时竖直在头顶上，看起来非常惹眼。让其他动物最"羡慕"的是，它们有苗条的身体，腿上长着发达的肌肉。

为什么非洲野狗非常喜欢和狮子叫板呢？因为它们有着

绝对的资本。

首先，它们有42颗牙齿，可以磨碎大量的骨头，这一点很像鬣狗。其次，它们是群居动物，并且数目庞大，狩猎的时候总是由雄性野狗率领，合伙作战。当与狮子在食物和领域问题上发生冲突时，非洲野狗们便会变得十分凶狠，不达目的绝不罢休。面对它们这种"不折不挠"的精神，连狮子也会头疼呢！

在整个非洲野狗群体内，倘若首领是雌性，那么它便不允许别的雌性繁殖，甚至会抢夺其他雌性的幼崽。怎么样，是不是觉得它很霸道呢？

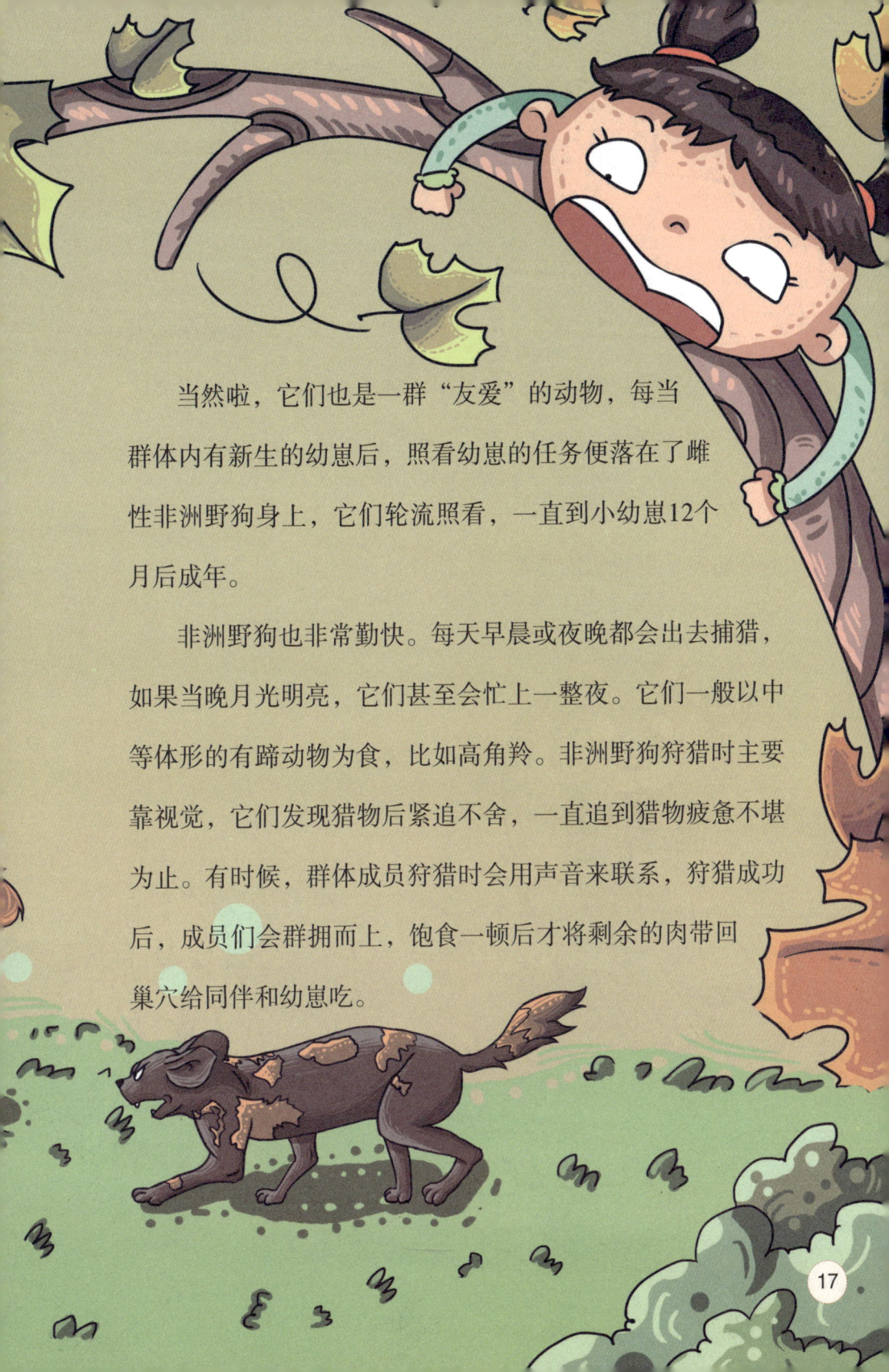

当然啦，它们也是一群"友爱"的动物，每当群体内有新生的幼崽后，照看幼崽的任务便落在了雌性非洲野狗身上，它们轮流照看，一直到小幼崽12个月后成年。

非洲野狗也非常勤快。每天早晨或夜晚都会出去捕猎，如果当晚月光明亮，它们甚至会忙上一整夜。它们一般以中等体形的有蹄动物为食，比如高角羚。非洲野狗狩猎时主要靠视觉，它们发现猎物后紧追不舍，一直追到猎物疲惫不堪为止。有时候，群体成员狩猎时会用声音来联系，狩猎成功后，成员们会群拥而上，饱食一顿后才将剩余的肉带回巢穴给同伴和幼崽吃。

# 这只狼可不是灰太狼！

在动画片《喜洋洋与灰太狼》中，"狼"的形象深入人心。灰太狼害怕红太狼，每次捉不到羊都会被红太狼用平底锅揍，看上去十分可怜。灰太狼十分勤快，每天都要做家务、洗衣服、收拾房间。在动画片中，灰太狼很聪明，如果不是遇到了更聪明的喜洋洋，估计每天都会吃到羊肉。那么

在现实中，狼真的没有羊聪明吗？答案是否定的，狼当然比羊要厉害多了。

狼长得与狗相似，除了给人凶狠、好战的感觉外，也给人英俊、绅士的印象，因为它们不仅有强劲的肌肉，还拥有曲线的身材。常见的狼的皮毛颜色有灰色、黄色、黑色、白色，个别还有紫色、蓝色，胸腹毛色较浅。狼的腿细长强壮，奔跑速度极快，持久性也很好，甚至能超过猎豹奔跑的速度。野生的狼一般可以活12～16年，人工饲养的狼有的可以活20年左右。

　　狼的家族是群居在一起的。狼群内有严格的等级制度，一个狼群的成员一般保持在6～12只之间。每到冬季，狼群内的成员会逐渐变多，数目最多的可达50多只。为了狼群之间的领域范围不重叠，它们会以嗥叫声告诉其他狼群领地范围。

　　每个狼群都有狼王，其职责就是维持狼群秩序，领导捕猎活动等。当然，作为一只狼王也是有很多好处的，譬如可以优先享受猎物，可以受到狼群成员的尊敬等等。当狼群成员见到狼王时，它们会向狼王俯下身子，让自己的身体低于狼王，并露出腹部，奋拉下耳朵，垂下尾巴。大概意思是说："你是我们的头儿！你就是我们的大王！"

小朋友们知道吗，狼的身上还有很多值得我们学习的地方呢！

狼具有尊老爱幼的品格，幼狼在成年后，会留在狼群内继续照顾弟弟妹妹。另外，狼群成员相互团结合作，它们积极配合，靠团体的力量去完成任务。它们的智力虽然比不上动画片中的灰太狼，但也十分聪明：它们可以通过气味和叫声来沟通，在遇到猎物时便集体出击，配合作战，结果往往事

## 狼在夜晚嚎叫是什么意思?

狼善于在夜间捕猎，而且喜欢选择月光清晰的夜晚出去捕猎。狼在夜晚总会嚎叫，这些叫声有呼唤、交流信息的作用，譬如狼王的叫声是为了集中群内成员，母狼发出叫声是为了呼唤小狼。人们之所以觉得狼喜欢对着月亮嚎叫，其实只是人们的想象而已。

半功倍，满载而归。

如灰太狼一般，多数狼的思想是单纯的，对自己有过恩惠的动物，它们可以不惜舍弃生命来报答。狼还会为了一个目标坚定不移，锲而不舍，也正是因为这种精神，才让狼成为地球上生命力最顽强的动物之一。

# 笨拙的棕熊也吃人！

　　棕熊给人的印象是笨重可爱，但是千万别被它的表象迷惑了，它可不是一个好惹的家伙！棕熊如果在饥饿的时候见到人群，口水便会不自觉地流下来，人若是被棕熊咬到，那就只能用一个"惨"字来形容啦！

　　棕熊是陆地上体形最大的哺乳动物之一。它有毛茸茸

的毛皮，呈白色、棕色、黑色或杂色。之所以叫棕熊，是因为它们的毛色通常偏灰。在棕熊的背部有一块鼓起来的肌肉，当它们挖洞时，那块肌肉便给予棕熊前肢力量。棕熊主要生活在森林或者山区，有一条短尾巴，皮毛颜色偏浅，甚至接近银白色。它们有一双有力的"大手"，一掌拍下去足以杀死一头和自身一样大的马鹿。

通常情况下，雄性棕熊的体重相当于一头成年的牛的重量，约500千克，而雌性体重则相当三只山羊的重量，约150千克。另外，不同种类的棕熊体重是不一样的。

每到即将迈入冬季的时候，它们的体重就会增加，这是因为它们需要用厚厚的脂肪来抵御冬季的严寒。

　　可能有小朋友会说，既然棕熊那么怕冷，为什么不住在一块儿呢？

　　其实啊，棕熊不喜欢群居，它们都有单独的巢穴和活动领域。棕熊的窝通常建在隐蔽的山坡上，或是大石头底下，也有的将家安在大树的树根间。有时，棕熊会自己动手挖个窝，然后搜罗一些干草之类的东西铺进窝里，把窝收拾得舒舒服服，这样的窝会一用好几年。

　　每年令棕熊爸爸特别高兴的是，棕熊妈妈会一次生下三胞胎。熊宝宝出生时非常小，熊妈妈要辛勤哺育它们很长时间，直到宝宝4岁了才会离开熊妈妈独自

生活，开始踏上它们独立的生活旅程。

　　棕熊是杂食性动物。一般来说，在棕熊的食谱中，植物类的食物会占60%以上，其中包括各种植物根茎、块茎、草料、谷物及各种果实等等，其余则为肉食，包括昆虫、啮齿类动物、有蹄类动物、野猪、鱼和腐肉等等。在棕熊食物相当短缺，十分饥饿的时候，它们甚至会杀死比自己个头小的同类充饥。棕熊可真残忍啊！

　　在动物界中，棕熊可以称得上是"捕猎高手"。棕

熊的嗅觉器官十分发达，比猎犬还要厉害7倍。它们具有极佳的视力，捕鱼时能够看清流水中的鱼类，并且可以准确地判断出它们的具体位置，只要一出手便能抓到鱼。另外，棕熊的力气大得惊人，绝不逊色于大象。它们前爪的爪尖最长可以伸出15厘米，非常锋利，攻击性极强。

告诉小朋友们一个关于棕熊的秘密：别看棕熊长得威猛高大，其实它们的胆子一点儿也不大，有时甚至一个孩子都能将它们吓跑。不过千万不要轻易恐吓棕熊，因为万一被逼急了，它们就会疯狂地攻击，尤其是带着小棕熊的熊妈妈们！

# 藏獒比狼还凶呢！

中国的神犬是生活在西藏地区的藏獒。看到藏獒时，人们会不自觉地联想到雄性狮子，因为它们的外形实在太相似了。它们和狮子一样长着巨大的脑袋，并且脑袋上长满了浓密的毛发，看上去十分威风、霸气。

藏獒是世界名犬之一，它有太多的称呼，比如"藏狗""蕃狗""獒犬""番狗""龙狗""马士迪夫犬"等。

藏獒身上的毛发比一般的犬类要多，这是它们区别于其

他犬类的最明显的标志。不同种类的藏獒，其颜色也是不一样的，常见的颜色有红色、黄色、雪白色、金色等。藏獒的体毛粗硬、丰厚，它们的皮毛有极强的抗寒作用，即使是在冰天雪地中，也能保证它们身体温暖。藏獒的眼神黑暗中闪着亮光，好像在告诉主人"我很有灵性"；它们的耳朵较大，呈三角形，自然下垂，紧贴着面部，当处在警惕状态时，耳朵便会竖起，观察周围是否有危险。

通常情况下，藏獒会给人一种事事漫不经心的印象，好

像对什么也不关心，其实它们是在不动声色地观察着周围的一切呢。藏獒不像普通的狗喜欢表现自己，它们非常含蓄，像个沉默淡泊的智者。但外表温顺的藏獒，其实骨子里十分善斗哟！藏獒自主性强，充满了领地意识，当陌生人靠近时，孤傲凶猛的本性便会展现出来。再说兔子被逼急了还会咬人呢，所以，小朋友们千万别被藏獒的外表给骗了！

藏獒长有发达的肌肉和结构完美的牙齿，作战时很勇敢。它们通常用宽大的手掌死死地压住猎物的身体，然后便用牙齿撕咬。你知道吗，世上只有藏獒才能驱豹狼，它们是世界上唯一不惧怕猛兽的犬类。在牧区，两只藏獒就有胆量驱逐金钱豹，一只藏獒就可以斗败3只到5只狼，可谓是当之无愧的犬中霸王！

当然啦，藏獒身上还有一个优点，就是忠心护主，它们被人们认定是犬类王国中最佳的守护犬呢！藏獒从一而终，不轻易认主，一旦认主便会忠心耿耿。现实生活中，常有成

年藏獒易主之后，因为想念原主人，变得闷闷不乐，或者从此消沉。

所以小朋友们，如果想要获得藏獒的忠心，最好从小喂养。

最后提醒小朋友们：藏獒攻击小孩的例子比成人要多很多！究其原因，可能是把小孩当作小兔子之类的动物了，所以小朋友们千万不要和藏獒单独相处哟！

# 袋獾的嘴巴真给力！

小朋友们猜一猜，有一种哺乳动物体形很小，看起来温顺可爱，可是发起脾气来十分吓人，就连一些大型食肉动物见到它们也得躲得远远的呢！这种动物究竟是什么呢？答案就是袋獾。

袋獾是一种食肉动物，它们的体形和小狗差不多大，又矮又胖，毛色为深褐或灰色，喉部及臀部有白色块斑，腹部

有一个育儿袋。如果小朋友们觉得袋獾没有攻击性，以为它很好欺负，那可就大错特错了，其实它们是一种十分凶猛的动物！

袋獾有一个外号，叫作"大嘴怪"，但是它们似乎对这个称号并不满意。事实上，它们的嘴巴一点儿也不大，那这个绰号是怎么来的呢？

原来，袋獾咬起动物时的样子非常凶猛、残忍，人们觉

得它们嘴巴的力气非常大。瞧，当它们张开嘴巴后，里面锋利的牙齿真让人心惊胆战呢，所以就有了这个称号。有一次，科学家对袋獾做了一个实验，来测试袋獾的嘴巴到底有多大力气。实验的结果让科学家们感到十分惊讶：一只6千克重的袋獾居然能够咬死重达30千克的袋熊！小朋友们，你们说袋獾的嘴巴是不是很厉害呀？

袋獾经常出没于灌木林中，昼伏夜出，行走时总在不停地嗅地面，似乎在寻找食物。它们脾气很不好，特别喜欢大声尖叫，发出刺耳的声音，让人常常误以为出现了大型猛兽。但怪叫归怪叫，你可别以为它们只会瞎叫唤，它们看家

## 袋獾在晚上是靠什么来捕捉猎物的呢?

袋獾的脸上和头顶上都生长有触须，它们依靠这些触须就能在黑暗中找到猎物的位置。它们的听觉和嗅觉在动物中算是一流的。晚上的时候，它们能嗅出猎物距离自己有多远。然后，会在黑暗中悄悄移动，当猎物还没发现它们的时候，就已经成为盘中餐了。

的本领也是很厉害的呢！假如有敌人来进攻袋獾，它们就会亮出自己独特的武器——臭气。虽然这么做挺尴尬的，但是却很有效，本来凶猛无比的敌人在闻到这么一股臭气后，都会被熏得头晕眼花，哪里还顾得上去袭击袋獾呢！

# 穷追不舍的金钱豹

在动物世界中，有一种动物是当之无愧的勇士，那就是豹子。它们身材矫健，身手十分灵活敏捷；外形十分漂亮，脑袋又小又圆，耳朵很短，牙齿发达。

豹子非常臭美！它们几乎每天都梳理自己的皮毛。它们的皮毛是金黄色的，上面有许多美丽的斑点，世界上每一只豹子都有自己独特的斑点图案，就像人的长相各不相同一样。因为亚洲的豹子身上的这些斑点看起来很像古时候人们所使用的铜钱，所以它们又被称为"金钱豹"。

豹子在动物世界也是排得上号的杀手，仅次于狮和虎。豹子敢向比它们大得多的动物挑战，比如牛、马、羚羊等动物，并且多数时候都能凯旋。那么，它们到底有什么本事呢？

豹子可是动物世界的"运动明星"！它们奔跑的速度也是动物界中最快的，能达到每小时90公里，几乎和我们的汽车一样快呢！如果有一只小动物不幸被豹子盯上了，那它的结局只有一个，那就是成为豹子的美食。

在豹子的眼中，压根儿就不知道"怕"字是怎么写

的。它们的头脑特别聪明，面对自己的
对手时，能够永远保持凌厉的攻势，这使得它
们成为大自然里小动物最害怕的敌人。

最后就是豹子的捕猎方式了，主要有两种：一种是它们
会潜伏在树上等待猎物经过，之后猛地扑向猎物，迅速地咬
断猎物的颈部；另一种就是偷袭，豹子偷袭的本领非常出
色，看到猎物后，豹子就会一点儿一点儿地靠近。

因为豹子的爪子上有柔软的肉垫和尖利的指甲，所以行
走时几乎不发出一点儿声响，这为偷袭创造了条件。偷袭成

功后，它们便会寻找一块安静的、不受干扰的地方把猎物隐藏起来，从容地享用自己的战利品。

　　别看豹子体形庞大，它们可是爬树的高手。豹子平时居住在树上，在树枝间敏捷地跳跃，轻捷得像一只小鸟。它们还有一个奇怪的习惯，那就是喜欢把吃不完的猎物带到树上挂起来，饿的时候再回到树上慢慢享用。

你们知道吗，一只成年豹子能将相当于自己体重3倍的猎物拖到树上去，可见它的力量有多么强大啊！平时，有其他动物从树下路过，闻到食物的香味后，馋得直流口水，因为自己不会爬树，所以也只能垂头丧气地离开，因此，豹子的食物很少被其他动物偷走。

# 斑鬣狗也敢和狮子叫板！

狗是我们人类的好朋友，它们大多数性格温顺、乖巧，很多家庭都喜欢饲养它们。大自然中还有一种狗，它们一点儿也不可爱，而且十分凶狠，具有很强的攻击性，还是狮子的劲敌呢，这种动物就是斑鬣狗。

斑鬣狗的外形和狗很相似，其毛通常是土黄色的。但和狗不同的是，斑鬣狗的身上有许多暗色的斑点，这些斑点会随着它们的年纪增长而慢慢消失掉。

斑鬣狗喜欢群居的生活，通常5～90只斑鬣狗会组成一个族群。在群内，一只健壮的雄性斑鬣狗会成为斑鬣狗族群的"领袖"，群内成员都要听从"领袖"的安排，不得随意闹事。

小朋友们，在斑鬣狗身上，还有很多值得我们学习的精神哟！

它们之间相处得特别友好，很少发生争吵和打斗，大部分时间，斑鬣狗族群中都是互敬互爱的景象。当然啦，它们之间偶尔也会发生一些争执，不过顶多就是大叫几声，或者轻轻地咬对方一下，来宣泄怒气，从来不会弄伤彼此。如果斑鬣狗之间的争吵开始变得激烈起来，一些在族群中比较有地位的斑鬣狗就会立马出来"劝架"，而这些发生争吵的斑鬣狗也会慢慢平息怒气，不久又恢复成为好朋友。

　　小朋友们，不要以为斑鬣狗这么友好，就认为它们一定有个"好脾气"。事实上，它们只会对自己的"好朋友"讲文明礼貌，一旦遇到敌人，它们就会变得非常凶狠！

　　大家都知道，狮子是草原上当之无愧的王者，其他动物

都会小心翼翼地避开它，离它远远的。但是斑鬣狗却不逃走，它们是狮子的劲敌，是动物界中敢于和狮子抗衡的猛兽。斑鬣狗和狮子的口味很相近，爱吃的食物种类基本相同，譬如奔跑的羚羊以及鹿类等，这使得它们很容易因为争抢食物而发生冲突。只要是斑鬣狗看上的猎物，它们就不肯轻易放弃。可是狮子在草原上称王称霸惯了，自然也不会相让，所以它们之间时常会因为食物发生打斗。

斑鬣狗的体形没有狮子大，但是打起架来却一点儿也不含糊。在斑鬣狗和狮子的较量中，狮子经常会吃败仗，"草

原之王"遇到斑鬣狗，就会发现自己的威风也不是所向披靡。狡猾的斑鬣狗不仅会跟狮子争夺大餐，有时候还会偷狮子的食物，这可把狮子气坏了，不过狮子也无可奈何。

有时候，斑鬣狗和狮子之间也会因为争夺领地而起冲突。斑鬣狗休息的时候，会把一块区域当作自己的领土，当狮子进入这块领土时，斑鬣狗就会群起攻之，直到把入侵的狮子赶走为止。

# 好打架的山魈

小朋友，你们见过动物园中的猴子吗？猴子既灵巧又聪明，喜欢在树枝间攀爬、跳跃，喜欢吃香蕉和瓜果。猴子的屁股红红的，我们形容别人脸红的时候通常会说："你的脸红得像猴屁股一样。"

猴子的种类很多，在大自然中有一种猴子，它们体形粗犷，性格凶悍，是一种猛兽，我们管这种猴子叫"山魈"。

山魈不像猴子那么小巧，它们的体形很大，非常健壮。也许是因为山魈的身体太大、太重了，所以它们不喜欢攀爬、跳跃，也不喜欢待在树上，而是长时间的在陆地上生活。

山魈的长相很有特点，它们的头很大，脸长长的，很像马脸。其鼻子两侧是白色的骨头，这些骨头都突出来，上面有纵向的纹路。它们的鼻子是红色的，毛发是奇特的橄榄绿色，看上去十分诡异，所以人们又称呼它们为"鬼狒狒"。

　　古代人们不了解山魈这种动物，偶尔在深山看见山魈，都会被它那丑陋的长相给吓到，以为遇到了怪物，所以古代流传下来的记载中，都将山魈形容成一种可怕的妖怪。其实这只是一个误会！它们只是长得丑一点而已，怎么会是妖怪

呢？幸亏现在人们已经了解了山魈这种动物，才还了可怜的山魈一个公道。

别看山魈模样长得不好看，它们却是非常聪明，且非常凶猛的！

山魈的行为模式与人类接近，它们是动物界中最聪明的猴类之一。山魈在和别的野兽发生争斗时，会使用一些小计策去获得胜利。其他动物虽然也很勇猛，却只会使用蛮力拼命，所以经常被山魈的诡计骗得团团转。山林中的野兽们都很害怕山魈，即使是狮子和老虎这样的猛兽也不敢轻易招惹

## 山魈的屁股为什么是红色的?

山魈是一种喜欢坐着的动物,它们的屁股时常在地面上蹭来蹭去,久而久之,长在屁股上的毛都被磨掉了。山魈屁股上有许多血管,平时不太显眼,但是一到发情期,山魈体内的雄性激素就会增多,并且加快血液循环,使得屁股上血管大量充血,于是变得更加红彤彤的了。

山魈呢!

小朋友们,山魈还长着长长的獠牙以及尖利的爪子,它们用这些"武器"来攻击敌人。山魈的臂力很大,当它们和野兽搏斗的时候,就会使劲挥舞着自己锋利的爪子去抓伤敌人,或者用自己长长的獠牙去撕咬敌人,山魈是不是很厉害呢?

这下,你们还敢小瞧山魈吗?

# 北极熊竟是北冰洋的霸主！

地球上的南极和北极是两个最冷的地方，很少有动物居住。在北极，除了狼以外，还有一种动物也生活在这冰天雪地里。这种动物全身的皮毛都是雪白色的，远远望去就像是一个大雪球，它们与这里的环境融为一体，不仔细看，根本就不会发现它们的存在呢！它们的脑袋小小的，耳朵也很短，身材却很高大，体格肥胖。长成这般模样的动物也只有

北冰洋的王者——北极熊啦!

北极熊长得很可爱,白白胖胖的身材看上去非常憨厚,不过它们却很威严。对于别的动物来说,北冰洋太过寒冷,无法生存,可是对于北极熊来说,那儿是它们真正的快乐王国。在北冰洋,没有哪种动物敢去挑衅北极熊,因为它们是陆地上生活着的最大的食肉性哺乳动物之一呢!

北极熊是熊类的一种,是食肉动物,海象、白鲸、鱼、海鸟等都是它们的食物。其中,它们最喜欢的食物是海豹,

因为海豹的肉含有很多脂肪，吃下后能够保证热量充足，这让北极熊在面对酷寒的环境时，也丝毫不会畏惧了。

北极熊非常聪明，这在它们捕猎的时候就能看出来。

首先，它们会在冰面上寻找海豹将头伸出水面呼吸空气的冰孔，然后悄悄地守在冰孔旁边。运气好的话，很快就会有倒霉的海豹上钩，运气不好的话，可能要等上好几个小时。只要海豹的头一露出冰面，北极熊就会亮出锋利的瓜子，一把将其拖出水面，不幸的海豹就成了北极熊美味的

"盘中餐"了。

北极熊虽然是个超级大胖子，行动缓慢，但它们却是泳坛高手！空闲的时候，北极熊喜欢在海面上畅快地游泳，或者潜到冰层底下。北极熊的前掌十分宽大，在游泳时就像两个船桨，使得它们在水底的动作异常敏捷。每当这个时候，过往的鱼群就要当心了，如果逃不过北极熊尖利的爪子，就会成为北极熊的美餐！

北极熊还是个懒家伙，它特别喜欢睡觉，一生

中大部分时间都是在睡觉或者趴着休息中度过。到了寒冷的冬季，它们会变得更加懒惰，往往会睡上整整一个冬天，只有在遇到危险的时候才会爬起来，而且是极其不情愿的，足见北极熊有多懒了。春季来临，天气变暖时，北极熊才开始伸着懒腰从睡梦中醒来，出去寻找食物。北极熊因为特别懒，不爱运动，所以才会越长越胖，成了一个笨重的家伙，小朋友们可千万不能学它们哦！

# 头顶"短剑"的犀牛

大自然中有一种神奇的动物，它们天生就佩戴了一把锋利的"短剑"。每当遇到敌人的时候，它们就会"举"起这把"短剑"和对方展开殊死搏斗。小朋友，你知道它们是什么动物吗？其实呀，这种动物就是犀牛。

犀牛主要集中在亚洲和非洲的一些国家，它们的体形巨大，在陆地上，除了大象以外，犀牛就是最大的动物了。成

年的犀牛身子可不短，大都接近5米长。犀牛还是个胖墩墩的家伙，体重可以达到3000千克，相当于6头成年牛的重量哟！

一般来说，犀牛都是灰色或棕色的，皮肤非常粗糙，皱巴巴的，毛发也很稀少。但真正厉害的就是不起眼的犀牛皮，因为犀牛皮是现存陆生动物中最厚的，连普通的步枪子弹都打不穿呢！

犀牛的体形肥胖笨拙，腿部很短、很粗壮，头非常大，

嘴唇长长地向下拖着。其头顶长着一根长长的犀牛角，这是它们最厉害的武器。通常情况下，犀牛种类不同，长角的数量也不同。譬如非洲的白犀牛和黑犀牛，它们都长有两只角，一大一小。而亚洲的犀牛中，只有苏门答腊犀牛有两只角，其余的都只有一只角。犀牛角是从皮肤中长出来的，非常硬，每年可以长7.6厘米左右。遇到危险时，犀牛会用这把"武器"狠狠地"教训"敌人。

虽然犀牛是素食动物，但这不代表它们没有脾气，而且不同种类的犀牛，其性格也不相同呢！

白犀牛的性情很温顺，苏门犀和爪哇犀则谨慎胆小，它们的行踪十分隐秘。犀牛当中脾气最坏、最具有攻击性的当属黑犀牛了。黑犀牛若狂暴起来，可以说势不可挡，再加上它们视力差，有时候甚至敢冲撞飞驰的火车呢！

　　当然啦，犀牛最暴躁的时期是在哺乳期，通常在这个时期，犀牛妈妈们的警惕性很高，为了保证小犀牛的安全，任何有威胁性的动物踏入"领地"，犀牛妈妈们就会亮出头上那把锋利的"宝剑"——犀牛角，毫不留情地攻击敌人，将敌人驱逐出去。

小动物们也会交朋友，犀牛鸟就是犀牛的一个好朋友！

　　由于犀牛的皮肤很皱，总有一些寄生虫喜欢在犀牛的皮肤里生存。寄生虫让犀牛浑身发痒，非常难受。犀牛虽然很厉害，但是面对这些小小的寄生虫的时候，却无能为力。犀牛鸟见到"好朋友"难受，会飞来帮助犀牛医治皮肤病。它们把长长的嘴伸进犀牛褶皱的皮肤里，将寄生虫捉出来吃掉，犀牛立刻感觉舒服了很多。当有危险的时候，犀牛鸟便会跳起来，发出警告的声音，好像在说："朋友，有危险来了，小心啊！"犀牛听后，就会做好作战的准备。

# 身披长刺的豪猪，
## 你怕不怕？

豪猪是天生的战士，它们的身上长满尖利的长刺。别看它们体形小，可是却很不好惹，如果有其他动物想去欺负它们，那么就要当心被它们的长刺戳得满是窟窿哟！

豪猪的身体很强壮，看上去却有些笨头笨脑，它们的体长在55厘米至77厘米之间，尾长8厘米至14厘米，体重10千克至14千克。

豪猪的身体颜色有褐色、灰色和白色，身上的刺也是黑

白相间，看起来有点像刺猬，但是豪猪的体形比刺猬要大许多，身上的长刺比刺猬更加锋利，而且大部分的刺都分布在后半身以及尾巴上。

因为豪猪身上的这些长刺看上去像古代人当作武器的箭，而且它们的身材粗壮肥胖，所以人们给豪猪起了另外一个名字——"箭猪"。不过，豪猪并不是真正的猪。豪猪的刺很坚硬，这些刺上有弯弯的倒钩，能够轻易地刺进其他动物的皮肤，钩住它们的肉。森林里的小动物很

了解豪猪的杀伤力，所以都会离它们远远的，生怕惹怒了这个家伙！

小朋友们，问你们一个很有趣的问题：豪猪宝宝在豪猪妈妈肚子里的时候，它们的身上就已经长满了长而尖的刺，还是出生后才长出来的呢？

小朋友们可以想一想，如果豪猪宝宝在妈妈的肚子里就长了刺，那么豪猪妈妈的肚子肯定会被刺伤的。其实这些刺是由豪猪宝宝身上的毛演化而来的。小豪猪出生后，经过10天左右的时间，身上柔软的皮毛就会逐渐变得坚硬，慢慢变成细长的刺。

豪猪通常居住在靠近农田的洞穴里，它们也很善于寻找洞穴。虽然豪猪身体肥胖，看上去又有些笨头

## 豪猪身上尖刺的作用

当遇到危险时，豪猪会将身上的刺竖起来，然后不断地抖动身体，这些刺就像是钢筋相互碰撞一样，发出"唰唰"的声响。同时，豪猪的嘴里也会发出"噗噗"的警告声。如果敌人在这种情况下仍然选择进攻的话，那么豪猪就会转过身子，用屁股对着敌人，准备展开一场殊死的决斗。

笨脑的，但它们非常擅长攀爬，再陡峭的山坡，豪猪也能攀爬上去，灵活程度让人吃惊。豪猪有时也很霸道，它们会霸占白蚁或者穿山甲的洞穴，稍微将洞穴扩大一点，就成了自己舒适的小窝。

豪猪通常是在白天睡觉，等到夜深人静的时候，就会跑到农民伯伯的田地里去偷吃，它们喜欢吃玉米、花生、番薯、瓜果等农作物，这让农民伯伯非常头疼。

# 胖胖的河马可千万不能惹！

大自然创造出了各种各样的动物，而且给予了每种动物不一样的外貌特征。就像我们经常在动物园看到的河马，它们的眼睛、耳朵、鼻孔全都长在头顶上，样子很奇怪！河马为什么长得这么奇怪呢？这要从河马的习性说起。

河马是陆地上的哺乳动物，可是它大部分时间都在水里度过，它们喜欢泡澡，一天中大概有十七八个小时要待在水

里。但是河马没办法像鱼那样在水底呼吸，所以它们的眼睛、耳朵、鼻孔就全部长在了头顶上，呈一条直线，如此一来，只要河马把头伸出水面，它们就可以方便地呼吸、观察环境和探听四周的动静了。

河马是个体形巨大的家伙，在陆栖动物中体重仅次于亚洲象、白犀牛和非洲象。它们的身体肥大，皮肤又厚又硬，毛很稀少。河马的头部比较大，耳朵却很小，看上去很不般配；四肢又粗又短，从远处看就像一个粗粗的大圆桶。从长相上来看，河马很像是一头巨大的猪。不过与猪不同的是，河马有一张巨大的

嘴，陆地上任何动物的嘴都没有河马的大。它们的牙齿虽然稀疏，却足够锋利，更奇怪的是，河马的门牙在吃草的时候磨损了多少，每天就会长出多少，像变魔术一样！

河马长得很憨厚，看上去笨笨的，十分迟钝，可是它们的性格一点儿也不"憨厚"，为什么这么说呢？

河马攻击性很强，对自己的领地有很强的保护意识，如果有其他动物进入它们的领地，河马就会张开它们那巨大的嘴巴，一口咬住入侵者，

向它宣告自己才是这片区域的主人。河马的脾气也比较暴躁，被惹怒的河马会掀翻河面的船只，甚至能将船只咬成两半。虽然河马的身体肥胖，但跑起来的速度一点儿也不慢，甚至比人奔跑的速度还要快。

河马看起来那么迟钝，可是惹毛了它们却不好办！小朋友如果去动物园看河马，可要离得远远的，千万别去惹它们生气哟！

小朋友们可能不知道吧，在河马家族中，地位最高的是河马妈妈哦！别看河马妈妈是雌性，它们可有着十分惊人的力量，作战的时候就像一辆小型坦克！遇到家族内不听话的成员，它们先打哈欠，露出巨大的门齿，向挑衅者示威，示威无效的话，就只能以武力解决问题了。河马妈妈们团结意识很强，只要族群中有雄河马伤害小河马，它们就会联合起来，一起赶走雄河马。被赶走的雄河马只能离开家族，从此孤独地生活。

　　河马和犀牛一样喜欢交朋友，各种吃寄生虫的鸟儿都是它们的贵宾，因为河马和所有厚皮动物一样，对蚊虫的叮咬非常敏感。另外，河马洗澡时会把泥巴滚遍全身，形成一个厚壳，这样也能够防止蚊虫叮咬。

# 美洲鳄，
# 幸存的"活恐龙"！

世界上有一种既凶猛又古老的动物，它就是美洲鳄。在许多欧美探险类影片中，好多主角都要面对美洲鳄。

美洲鳄绝对是一种了不起的动物，因为它们已经存在了几百万年，是人们可以看到的最接近于"活恐龙"的动物。它们之所以存活了这么久，是因为它们与生存环境几乎完美地契合。

那么，我们在哪儿可以寻觅到它们的身影呢？美洲鳄主要分布在美国、中美洲、西印度群岛、厄瓜多尔和秘鲁等地的海湾、泻湖、河流、湖泊等水域。

美洲鳄是一种体形较大的鳄鱼，最大可以长到6米以上。通常情况下，它们的身长为3米至4米，雄性美洲鳄平均体重为270千克，而雌性的体重为雄性的一半。

美洲鳄的脑袋很大，躯干与蜥蜴十分相似。美洲鳄的眼睛、耳朵、鼻孔都长在头顶上，与其他种类的鳄鱼一样，它们也是一种四足动物。它们的腿短小而粗壮，有一条强有力的尾巴，背部和尾部都布满了鳞片，十分坚硬。

你知道吗，美洲鳄是有甲动物，皮肤内有骨板，称之为"皮肤骨化"或"鳞甲"。小朋友们观察美洲鳄的背脊时，可以看到很多突起在外的骨板，像恐龙一样。它们还有一对强壮的颚骨，眼睛被"瞬膜"和"泪器"保护，"泪器"可以产生泪水。

那美洲鳄与其他鳄鱼有什么区别呢？

其实，美洲鳄除了体形较大之外，它们身体的颜色要浅许多，比较接近于灰色。这种庞然大物平时都潜伏在水中，只有产卵的时候才会上岸。它们主要以鱼类、哺乳动物、鸟类等为食，通常都在水中

捕猎，因为身体被水遮挡住，利于对猎物发起突袭。

很多人觉得，美洲鳄的腿这么短，在岸上行走一定很困难，实际上体形庞大的美洲鳄，在岸上行走的速度可以达到每小时10英里（1英里=1609.344米），在水中则可达每小时20英里。美洲鳄的皮肤上生有振动传感器，这些传感器非常敏感，它们可以帮助美洲鳄探测到最轻微的振动，从而提早避开危险。

对人类而言，美洲鳄是相当危险的动物之一。一条饥饿的美洲鳄会吃掉任何移动的物体。一旦美洲鳄捕获了猎物，它会用牙齿咬住猎物并将其拖到水下淹死，然后用牙齿撕咬，将肉整块吞下。美洲鳄的胃功能很强大，可以消化掉吞

下去的任何东西。作为冷血动物，它们不需要频繁进食。根据调查，野生美洲鳄一般进食频率为每周1次，多余的热量会集中储存于尾巴底部的脂肪里。令人难以置信的是，通过消耗脂肪储备，美洲鳄两次进食之间的间隔竟然可以长达两年！

美洲鳄濒临灭绝，现存的数量已经不多了，我们一定要保护它们。

# 见到行军蚁
# 就赶紧跑开吧！

　　蚂蚁是我们日常生活中十分常见的昆虫，在世界各地都有它们的身影。不同种类的蚂蚁，其体形、习性等都不一样，譬如生活在亚马孙河流域的行军蚁，它们比起普通蚂蚁要大很多，性格也异常凶猛。小朋友们一定很好奇"行军蚁"的名字是怎么来的，其实这是由于它们每天都在不断地行军、前进而得名的。

　　行军蚁是昆虫界公认的"战士"，像蟋蟀、蚱蜢等身体

比它们大好多倍的昆虫，都是它们的美食。行军蚁作战的时候不会单独行动，而是成百上千只一起出动，用它们"巨大"的钢牙咬住猎物不放，然后将唾液中的毒液输送到猎物的身体内。猎物被咬伤后，很快就会被麻醉，失去抵抗力。行军蚁不等猎物死亡，就会开始吞食猎物，个性很凶残。它们让人类付出了巨大的代价，每年都会有大约400人死于它们的啃食。

另外，行军蚁的食量也很惊人，一头猪或者豹子，半天内就能被它们吃得只剩下骨头。所以，小朋友们如果看到大批的行军蚁，一定不要去招惹它们，而是要拔腿就跑啊！

行军蚁的身上有很多值得我们学习的东西，最重要的就是它们很团结、勇敢。

行军蚁虽然很渺小，小到一滴水就能将它们淹死或冲走，但是它们联合起来的力量很强大，几乎没有什么东西可以阻挡它们。遇到沟壑的时候，行军蚁会抱成一团，像皮球一样滚下去，随后你连我、我连你地连接到对

岸，形成一个蚁桥，让大军通过。这种场面很悲壮，不少行军蚁都会被沟壑内的浅水冲走，但是没有哪只行军蚁会害怕、退缩。

## 行军蚁中的"蚁后"

蚁后存在的目的就是繁殖。行军蚁并非一直都在马不停蹄地前进，它们也有休息期，一般是2周到3周。在休息期里，蚁后会产下大约25万粒卵，其中有6粒左右可以孵化出新的蚁后。在休息期内，蚁后享有特权，由工蚁喂养，身体也由工蚁清理。休息期结束后，蚁后会自然死亡。蚁后死后，工蚁会将卵带到另外一个地方去照料，等待新蚁后孵化。

# 大家看，
# 这就是箭毒蛙！

在童话故事《青蛙王子》中，美丽的公主亲吻了青蛙后，青蛙立马变成了王子。在青蛙的王国里，它们的王子就是箭毒蛙。

箭毒蛙，也称作"毒箭蛙"，是全球最美丽的青蛙。其皮肤分泌的毒素被南美洲部落居民用来涂抹在矛或箭的尖

端。所以便有了"箭毒蛙"的称呼。那么，这种蛙究竟长什么样呢？

箭毒蛙的体形很小，最小的和人类拇指指甲差不多大。箭毒蛙身上的颜色非常鲜艳，多为黑色与红、黄、橙、粉红、绿、蓝的结合，呈斑点花纹。小朋友们，这些耀眼的皮肤颜色，是对掠食者的一种警告，是在向捕食者传达一种信息："我有毒，不要吃我！"

青蛙是人们最常见的两栖类动物。与青蛙相比，箭毒蛙在捕食、繁殖和生存等方面都存在很大的特殊性。箭毒蛙不捕捉在空中飞来飞去的昆虫，它们专门猎食地面上体形微小的蚂蚁和螨。所以，在热带雨林的落叶堆中，人们经常看到他们的身影。

小朋友一定会觉得这样渺小的动物一定有很多天敌。其实箭毒蛙几乎没有敌人，这得多亏它们身体内的毒素。毒性

最强的箭毒蛙可以杀死2万多只老鼠，森林内其他小动物见了它们，全都躲得远远的。

在箭毒蛙家族中，蓝宝石箭毒蛙具有很强的毒性，它们绚丽的体色使得潜在的掠食者远远地避开。草莓箭毒蛙的毒性比普通箭毒蛙要小一些，但是草莓箭毒蛙的毒素会使伤口肿胀，并伴有炙热的感觉。最致命的箭毒蛙是南美洲哥伦比亚产的科可蛙，只需0.0003克毒液就足以毒死一个人。这种毒素主要破坏动物或人类的神经系统，最终会导致心脏停止跳动。

还有一个比较有趣的现象，那就是箭毒蛙宝宝不是它们的妈妈带大的，而是由它们的爸爸哺育长大。不得不说，箭毒蛙爸爸可真是模范爸爸啊！

## 野猪也很凶猛啊！

小朋友们知道吗，我们每天吃的猪肉来源的家猪，是于8000年前由野猪所驯化而成的。野猪不仅与家猪外貌极为不同，成长速度也远比家猪慢得多，体重亦较轻。

在很久以前，聪明的猎人们捕捉到一些野猪后，一时吃不完，他们就给这些猪做了特别舒适的窝，拿吃的喝的去喂养它们。它们非常贪吃，发现不用每天出去捕猎就可

以有食物吃，可开心了。于是整天大吃大喝，吃完就呼呼大睡，一天到晚过着"饭来张口"的懒惰日子。结果越来越胖，越来越懒，最后只能依靠人类喂养，失去了自己在大自然中寻找食物的能力，最终变成了今天我们看到的家猪。

也许有的小朋友会问，那些没有被猎人捕捉到的猪，它们现在过得怎么样呢？

生存在野外的猪因为要靠自己的劳动才能获得食物，所以身体并没有像家猪一样退化，它们还自由自在地生活在森林中，我们管这种猪叫作野猪。

那么，野猪和家猪有什么区别呢？

野猪的长相和家猪非常相像。它们身体胖胖的，但相比家猪而言，它们要健壮多了。野猪的四肢又粗又短，头比较长，耳朵很短，鼻子向前拱，喜欢用鼻子在地上嗅。野猪的皮肤是灰色的，毛是暗褐色或者黑色的，比家猪身上的毛长得多，这些毛起到防止野猪被地上尖利的物体弄伤的作用。由于家猪长期吃着人类送给它们的剩饭剩菜，不需要用牙齿撕咬动物，它们的牙齿也慢慢地变得不再锋利了，但是野猪的牙齿很尖锐，是它们保护自己的武器之一。野猪在和别的动物打斗时，常常会亮出锋利的牙齿，用力地撕咬敌人的身体。

野猪特别喜欢用鼻子拱地，不过它们可不是在玩耍，而是在寻找食物。野猪的鼻子非常灵敏，就算是埋在地里的一颗小小果实也能被它们发现。野猪是杂食动物，它们并不挑食。森林里的野兔、从树上掉落下的橡木果，甚至是农民伯伯辛苦种出来的玉米棒，都是野猪的美食。野猪白天会躲起来休息，直到黄昏或清晨的时候才出来找吃的。所以，每到粮食作物成

熟的季节，农民伯伯都得特别小心，提防野猪偷食庄稼。

野猪非常热爱运动，它们是动物界中的"跑步健将"。野猪的体力和耐力都很好，可以连续跑上20千米不用休息，连我们的长跑运动员都得自叹不如呢！

野猪们也喜欢热闹，它们有群体组织，很少单独行动。每一个群体都有独立的"领土"和"领袖"，如果有别的野猪胆敢进入它们的领域，野猪们就会对"入侵者"发动进攻，直到这个"入侵者"夹着尾巴灰溜溜地逃走。

## "无影杀手"毒蜘蛛

  大自然中有一种小动物虽然看上去很普通，可是实际上却是非常厉害的杀手，这种小动物就是被人们称为"黑寡妇"的毒蜘蛛。

  平时天气晴朗的时候，"黑寡妇"就会安安静静地待在墙角，慢慢地织它那张大网，如果不是特别注意，

人们根本就看不到它。谁也想不到这个看上去一点儿也不起眼的小蜘蛛就是被称为"无影杀手"的"黑寡妇"。

"黑寡妇"是有剧毒的蜘蛛，在它们黑黑的肚皮上，有一个像沙漏一样的红色图案，这是它们最重要的标记。小朋友们可要记住喽：如果在蜘蛛身上看到这个红色标记，那就一定要躲得远远的！

"黑寡妇"爱吃昆虫，一些小昆虫在空中飞着飞着，一不注意就会撞到"黑寡妇"织的网上了。一般情况下，撞到网上的昆虫会被网死死粘住，怎样也挣脱不了，最终只能是"黑寡妇"的盘中餐了。当"黑寡妇"发现有猎物掉进自己的陷阱后，它们就会慢慢地爬过来，把自己的毒汁注入猎物体内，猎物很快就会因为剧毒晕过去，随后"黑寡妇"就可以开始享用美味佳肴啦！

"黑寡妇"可不是只会"守株待兔"的动物，它们也会主动攻击呢！如果有敌人攻击，它们会想也不想就咬住敌人，而它们的剧毒也会随即进入敌人的伤口中去。刚被"黑寡妇"咬到时往往感觉不到疼痛，甚至根本不知道自己已经被咬伤了。但大约5分钟之后，受伤的小动物就会感觉到被咬伤的伤口有阵阵疼痛感，最后慢慢死去。

　　值得庆幸的是，"黑寡妇"一般不会主动攻击人类，它们只会在受到威胁时对人类展开攻击。若是人

## 雌蜘蛛为什么要吃雄蜘蛛？

雌蜘蛛在生育前后有两个星期不会外出觅食，它们依靠雄蜘蛛来喂养，但所能吃到的食物非常少，常常处于饥饿状态。为了能让雌蜘蛛吃饱，并且有好的营养给予后代，雄蜘蛛会采用自残的方式给雌蜘蛛提供营养物质。它们首先会咬断自己的足给雌蜘蛛吃，等到雄蜘蛛奄奄一息后，雌蜘蛛则会完全吞了雄蜘蛛，当作营养大餐。

被咬伤了，会有发肿的症状。这个时候必须去医院治疗，要不然可是会致命的啊！

# 你知道蟒蛇
## 有多长吗？

小朋友，你看过电影《狂蟒之灾》吗？里面的大蟒蛇吐着让人胆寒的信子，它们残暴地追逐着人类。许多人对这种冷血动物感到惊恐，它们在观众的心中留下了阴影。

蟒蛇分为树栖类和水栖类，主要生活在热带雨林和亚热带潮湿的森林中。蟒蛇的体表花纹非常美丽，而且是对称的、排列整齐的花斑，斑边周围有黑色或白色斑点。

蟒蛇可是一个作息规律的家伙！通常情况下，最适宜它们生活的温度为25℃至35℃，20℃时少活动，15℃时开始休眠，如气温下降到5℃至6℃，那么它们将会死亡。蟒蛇的冬眠期有4个月至5个月，春季开始复苏，通常日出后猎食。那么，它们是怎么捕食的呢？它们的食谱上都有哪

些小动物呢?

蟒蛇常以小鹿、小野猪、兔子、松鼠和家禽等为食,它们的胃口很大,能够吞食与自己体重等重,甚至超过自己体重的动物。蟒蛇一般都是以突袭的方式捕获猎物,用身体紧紧缠住猎物,直到猎物窒息而死后,才从猎物的头部开始一点一点地吞食。

蟒蛇特别长,一般有5米到11米,根据《吉尼斯世界纪录

大全》记载，此前世界上被人捉到的最长的一条蟒蛇长9.75米。在印度尼西亚西部苏门答腊岛的一个原始森林中，曾经捕获了一条长14.85米、重447千克的巨蟒，这条巨蟒的长度刷新了吉尼斯世界纪录。后来，这条巨蟒在一家公园中安家，取名为"桂花"。

听到"桂花"这个名字，人们肯定会以为它非常温柔，其实"桂花"有一张血盆大口，整张嘴张开能把一个人整个儿吞进肚子里。据说，要制服这么大的蟒蛇，至少需要8个到

10个壮年男子才行呢！

2009年10月4日，我国河南省信阳新县挖出了一条少见的大蛇，竟然长达16.7米，体重达300千克，全身布满了均匀坚硬的金色鳞片。这条蛇引起了生物学家的关注。

## 响尾蛇走路时会 "呜呜" 作响

大自然中，绝大部分动物走路时都是悄无声息的，因为这样它们可以保护自己不被猛兽当作偷袭目标，也不会把猎物吓跑。可是偏偏有一种动物不但走起路来大摇大摆的，还故意发出 "呜呜" 作响的声音，它就是响尾蛇啦！

听着"响尾蛇"的名字就能猜到，它们发出响声的地方是它们的尾巴。不过，小朋友们知道它们的尾巴为什么会发出响声吗？

这是因为在它们的尾巴上有一圈一圈的角质环，就像人们戴的手镯。响尾蛇走路时会使劲地摇动这些角质环，尾巴会发出"呜呜"的声音，好像在说："你们离我远一点儿，不然我可是会咬你们的哟！"许多小动物一听到这种声响，就会被吓跑的。

响尾蛇的头是扁扁的三角形，身体很长，全身覆盖着一层黄绿色的鳞片，像是盔甲战袍，背上还有褐色的花纹图案，看上去威风凛凛，让人不寒而栗呢！

响尾蛇最爱吃的美食是老鼠、野兔之类的小动物。夜幕降临，四周都是漆黑一片，别的小动物在黑暗的环境里都看不清周围的东西，响尾蛇依靠特殊的捕食能力，任何躲起来

的小动物都会被它们发现。

　　说到这里，小朋友们一定以为响尾蛇的夜间视力很好吧？实际上，响尾蛇是个不折不扣的大"近视眼"，如果有猎物站在它们面前，即使使劲瞪大了眼睛，也看不清楚。这是怎么回事呢？它们是靠什么捕猎的呢？

　　原来，响尾蛇的身体中有一个器官，这个器官会自动查找温度高的物体。如果附近有一个猎物，响尾蛇就能"看见"猎物身上的温度，并且判断出猎物的具体位置。

响尾蛇还有一个非常强大的"武器"——毒牙。

它们的毒牙中有剧毒的液体，这些液体对任何动物来说都是非常危险的。如果一个成年人被响尾蛇咬伤，那么就有丧命的可能！即使是狮子或者老虎这么凶猛的动物，都不敢轻易招惹响尾蛇。有这么厉害的"武器装备"，难怪那么霸道！响尾蛇是名副其实的魔鬼蛇哟！

# 眼镜蛇竟然可以毒死大象！

在神秘莫测的大森林内，某个角落潜伏着一些"杀手"，它们在等待自己的午餐、晚餐上钩。在这些"杀手"中，能力较强的就有眼镜蛇。眼镜蛇主要分布在亚洲和非洲的热带沙漠地区，它们给人一种冰冷的感觉，若是被它们盯上，便无处可逃了。

眼镜蛇是否戴着眼镜呢？不是，那是因为当眼镜蛇在遇到危险时，它们颈部皮肤便会扩张膨胀，并且"站立"起来，用以威吓对手；同时，在脑袋和背部还会出现一对美丽的黑白斑，如眼镜形状的花纹，因此得名眼镜蛇。眼镜蛇遇到敌人时会吐着舌头，发出"嘶嘶"的声音，用以恐吓敌人。

小朋友们可千万不要小看了眼镜蛇，它们可是很凶猛的。多数眼镜蛇的体形很大，身长一般在1.2米至2.5米之间。另外，眼镜蛇也是毒性很强的蛇类之一，它们的毒牙与无毒蛇的牙齿不同。眼镜蛇的毒牙是折叠状的，相对较小，位于口腔前部，遇到强大的对手时，它们会将毒液从毒牙中喷射出去，或者咬住对手将毒液注射入其体内。眼镜蛇的毒液十分厉害，能瞬间破坏对手的神经系统，麻痹肌肉，最后致命。若是有人被眼镜蛇咬伤了，千万不要着急，一定要平缓呼吸，及时将伤口处的毒血挤出，不要走动，等待救援。

眼镜蛇的食物以小型动物为主，有时候也会吃同类，但它们几乎从不主动攻击人类。眼镜蛇也有它们的天敌，譬如灰獴等一些小猛兽。灰獴很小，但可以以高速的动作击败眼镜蛇。灰獴会在眼镜蛇来不及反应的时候，直接咬住眼镜蛇的头部。但在搏斗的过程中眼镜蛇也会咬到灰獴，灰獴也会被眼镜蛇咬伤。

## 眼镜蛇为什么会随着音乐跳舞呢？

在印度街头，耍蛇人对着眼镜蛇吹奏音乐，它们就会有节奏地摇摆。其实，这种说法是不科学的。蛇的听觉很不灵敏，只能听到频率很低的声音，所以它们不可能对玩蛇人吹奏出来的音乐有所反应，更不用说随着节奏跳舞了。动物学家研究发现，眼镜蛇能感觉到玩蛇人的音乐，其实是它们感觉到了动静，蛇从筐里摇摇摆摆地探出头后，便会寻找出击的目标。而蛇之所以要左右摇摆身体，是为了保持"站立"在空中的姿势，一旦停止摆动，就不得不瘫倒在地了。

# "闪电杀手"
# 黑曼巴眼镜蛇

　　如果你是一名小篮球迷的话，那你一定听说过一个人的名字，他就是NBA的超级巨星科比。因为科比在赛场上屡次得分，所以赢得了一个十分响亮的名字——"黑曼巴"。在神奇的大自然中，有一种毒蛇也叫作"黑曼巴"，下面咱们就来说说这个阴森森的家伙！

黑曼巴蛇也被称为"黑树眼镜蛇"，是非洲体形最长的毒蛇，属于剧毒蛇类眼镜王蛇的一种，在世界毒王蛇中排在第十位，被称为"非洲死神"。黑曼巴蛇的平均身长为2.5米左右，最大的黑曼巴蛇可以长到4.3米。与其他毒蛇相比，它最为独特的地方就是口腔是黑色的，它的名字也是由此而来。

　　虽然叫作黑曼巴蛇，但它们身体的颜色并不全是黑色的。实际上，黑曼巴蛇的颜色多种多样，主要有灰色、墨绿色、棕色、褐色、土黄色这几

种颜色。人们想要辨认出黑曼巴蛇，只需要看它通体乌黑的嘴巴就可以了。黑曼巴蛇的眼睛呈黑色，也有棕色的，其头部为棺材状长方形。

除了天生攻击性十足之外，它还有一种可怕的特殊能力，就是可以一跃而起，挺直身躯站立。

黑曼巴蛇移动时一般抬起三分之一的身体，受威胁时，就会像眼镜蛇一样，高高竖起身体，并且张开黑色的大嘴发动攻击。身长3米的黑曼巴蛇攻击时能咬到人的脸部。黑曼巴蛇适应气候的本领也十分强，它能够在各种恶劣的环境下生存。

与其他蛇类不同的是，黑曼巴蛇是一种日行蛇，人们在白天见到它的概率要比晚上大得多。黑曼巴蛇捕食时，会耐心等待着猎物靠近自己的捕食范围，然后扑上去一口咬住猎物。猎物不断地挣扎，它就会反复地多咬几口，直到口中分泌的毒液足够将猎物麻痹而死。黑曼巴蛇很聪明，它们可不是光有毒液和力气的"莽夫"，它们会根据猎物体形大小不同而采取不同的猎捕方式。要是遇上比较大型的猎物，它们会咬上一口，然后迅速地躲开，等待猎物中毒死亡后，它们就会循着之前的气味找回猎物。

当然啦，有时候黑曼巴蛇也会攻击人类，绝大多数是因为人类侵犯了它们的领域。人类被咬伤后会像喝多了酒似的，不会感到疼痛，反而会觉得很舒服，随后在不知不觉中死去，死前还会像做梦一样产生幻觉。小朋友们，你们觉得黑曼巴蛇是不是很神奇呢？

黑曼巴蛇虽然很厉害，不过它也有自己的天敌，獴就是它的主要天敌之一。

獴的体内能分泌出对付蛇毒的抗体，能够令黑曼巴蛇最致命的武器失去效果。獴所具有的这一特殊能力，令黑曼巴蛇很难与它对抗。碰到獴，黑曼巴蛇便空有一身本领，只得灰溜溜地逃走。

# 希拉毒蜥是凶残的"索命鬼"！

在人迹罕至的大沙漠地区，住着一群"索命鬼"，它们就是希拉毒蜥。这种蜥蜴栖息在沙漠中的灌木林或者大片仙人掌覆盖的地区，是当之无愧的冷血杀手。

希拉毒蜥又被称为"大毒蜥""钝尾毒蜥"，体长一般在38厘米至58厘米之间，身子粗壮，全身覆满了鳞片，这些鳞片十分细小，并且不重叠。希拉毒蜥的颜色很漂亮，在它们深色的皮肤上，有着黄色或者粉红色的花纹，看上去十分鲜艳。

希拉毒蜥的头部较大，前半部分为黑色，后半部分为黄色，偶尔夹杂着一些黑色的斑点。它们的舌头是粉红色的，中间分叉。舌头是希拉毒蜥的感应器，能够帮助希拉毒蜥在空气中找到猎物，并判断出具体位置！它们有一条很短的尾巴，可别小瞧这条尾巴，它不仅有平衡身体的作用，还能储存脂肪呢！

希拉毒蜥是肉食性动物，除了觅食以外，它们大部分的时间都躲在地下的洞穴中。希拉毒蜥是个慢性子，它们的动作非常缓慢，在它们想要扑食猎物时，往往还没爬到猎物身边，猎物已经逃跑了。因此，它们找到了一种很适合自己的食物——鸟蛋。希拉毒蜥很善于爬树，它们一边在树上攀爬，一边寻找鸟窝，找到一个鸟窝就会把里面的蛋掏出来偷偷吃掉。当鸟妈妈晚上回到家中，发现自己的蛋被吃掉了，虽然气得"破口大骂"，可面对希拉毒蜥却也无可奈何。

在大自然里，有许多动物比希拉毒蜥跑得快，个头大，性格凶猛。那么，希拉毒蜥是不是经常被这些动物欺负呢？小小的它们遇到危险的时候怎样保护自己呢？

希拉毒蜥虽然看上去不是很厉害，但它们一点都不好惹，因为它们也有对付敌人的"秘密武器"。小朋友们听其名字大概已经猜到了，希拉毒蜥是一种带有剧毒毒液的动物呢！

希拉毒蜥的毒液就藏在它们的嘴巴里，它们的牙齿很长，在牙齿的底部还有一些毒腺。小朋友们可不要小看这些毒腺，这些毒腺里藏着大量毒液。在希拉毒蜥遇到危险的时候就会咬住敌人，长长的牙齿深深地刺入敌人的皮肤，毒腺里的毒液通过牙齿流入到敌人的身体。希拉毒蜥的毒液有一个神奇的功能，就是能够让被咬的动物产生剧痛感，这些被咬的动物实在疼得受不了，只好放弃进攻希拉毒蜥，赶快逃跑了。

刚出生的希拉毒蜥宝宝同样带有可怕的毒液，毒性一点儿也不比成年毒蜥差。它们毒液的毒性与响尾蛇的毒性相同，属于神经毒素。人类被咬后会逐渐出现四肢麻痹、昏睡、休克、呕吐等症状，通常不会有致命的危险，但是仍然要十分小心。

# 科莫多巨蜥
# 是"冷血杀手之王"！

科莫多巨蜥是蜥蜴中最大的一种，又叫作"科莫多龙"。小朋友们在动物园内是看不到它们的，因为它们生活在印度尼西亚群岛的科莫多岛和邻近的几个岛屿上。

科莫多巨蜥是一种和恐龙同时代的古老动物，也是幸存的恐龙近亲之一。成年的雄性科莫多巨蜥大约有3米长，重130多千克。它们的皮肤上没有鳞片，多为黑褐色，不仅粗

糙不堪，而且还生有许多疙瘩。在巨型蜥蜴中，只有科莫多蜥蜴长有牙齿。它们的牙齿长在口腔内，不仅细密，而且巨大、尖锐。

　　科莫多巨蜥是个天生的"哑巴"，它们的声带不发达，只有在激怒的时候，才会发出"嘶嘶"的声响。科莫多巨蜥的舌头与蛇的舌头一样，主要有两个作用，一个是味觉器，另一个是嗅觉器。它们在寻找食物的时候，总是不停地摇头晃脑，时不时地伸出舌头，灵敏的嗅觉器官能闻到1000米范围之内的腐肉气味。

　　它们的体温会随着环境温度的改变而变化。每当夜晚降临，科莫多岛的气温就会急剧下降。为了保持体温，每天早晨，科莫多巨蜥不得不从洞穴中爬出来，找一块石头躺着，

吸收阳光的热量，温暖自己的身体，之后才会去捕捉猎物，而体内保存的热量会帮助它们度过冰冷刺骨的夜晚。

　　你知道吗，科莫多巨蜥有一个外号，那就是"冷血杀手之王"，它们是杀手中的强者呢！

　　科莫多巨蜥捕捉猎物时迅速勇猛，奔跑的速度极快，最常捕杀的猎物有猪、羊、鹿等，偶尔也会攻击和伤害人类。它们十分聪明，懂得在猎物经过的路旁伏击。当猎物临近时，科莫多巨蜥便会扑上去，先以暴力把猎物打倒在地或咬

断猎物的后腿，在猎物无法移动后，用利齿撕开猎物的喉部或腹部，让猎物因流血过多而丧命。之后，科莫多巨蜥会用锯齿状的利齿和强有力的脚爪把猎物撕成碎块，并大块大块地吞下。它们每一次进食都会吃得很饱，以至于不得不歇上几天来消化食物。

## 科莫多巨蜥的"致命武器"

科莫多巨蜥的唾液中含有多种毒性细菌，能够阻止被咬猎物的伤口愈合。受到攻击的猎物即使逃脱，也会因伤口引发的败血症而迅速衰竭，直至死亡。

科莫多巨蜥懂得将食物一起分享，一般一只巨蜥猎杀到猎物后，就会有好几只巨蜥来分着吃。不过，分享食物是有规矩的，体形最大的雄性巨蜥优先，其次是雌性，陌生的食客通常被安排在最后。

科莫多巨蜥生性残忍，在找不到食物充饥的情况下，它们会吃同类幼体。